www.ingramcontent.com/pod-product-compliance
Lightning Source LLC
Chambersburg PA
CBHW062330220526
45469CB00008B/2659